BERICHTE ÜBER DIE VERHANDLUNGEN DER SÄCHSISCHEN AKADEMIE DER WISSENSCHAFTEN ZU LEIPZIG

Mathematisch-naturwissenschaftliche Klasse

Band 103 · Heft 3

HANS WUSSING

ÜBER EINBETTUNGEN ENDLICHER GRUPPEN

AKADEMIE-VERLAG · BERLIN

1958

BERICHTE ÜBER DIE VERHANDLUNGEN DER SÄCHSISCHEN AKADEMIE DER WISSENSCHAFTEN ZU LEIPZIG

MATHEMATISCH-NATURWISSENSCHAFTLICHE KLASSE

Band 97

Heft 1 Prof. Dr. ERICH STRACK / Beobachtungen über den endogenen Anteil des Kot-Stickstoffs
24 Seiten – 8° – 1949 – DM 2,50 *(vergriffen)*

Heft 2 Prof. Dr. ERNST HÖLDER / Über die Variationsprinzipe der Mechanik der Kontinua
13 Seiten – 8° – 1950 – DM 2,75 *(vergriffen)*

Heft 3 Dr. H. GERSTNER / Dr. H. BAARK / Dr. H. GRAUL / Der Wechselstromwiderstand der Froschhaut
25 Seiten – 8° – 1950 – DM 2,75 *(vergriffen)*

Heft 4 Prof. Dr. HERBERT BECKERT / Existenz- und Eindeutigkeitsbeweise für das Differenzenverfahren zur Lösung des Anfangswertproblems, des gemischten Anfangs-Randwert- und des charakteristischen Problems einer hyperbolischen Differentialgleichung zweiter Ordnung mit zwei unabhängigen Variablen
42 Seiten – 8° – 1950 – DM 9,– *(vergriffen)*

Heft 5 Prof. Dr. HERBERT BECKERT / Über quasilineare hyperbolische Systeme partieller Differentialgleichungen erster Ordnung mit zwei unabhängigen Variablen. Das Anfangswertproblem, die gemischte Anfangs-Randwertaufgabe, das charakteristische Problem
68 Seiten – 8° – 1950 – DM 14,50 *(vergriffen)*

Heft 6 Prof. Dr.-Ing. ENNO HEIDEBROEK / Das Verhalten von zähen Flüssigkeiten, insbesondere Schmierflüssigkeiten, in engen Spalten
Nachdruck – 40 Seiten – 24 Abbildungen – 8° – 1952 – DM 5,80

Heft 7 Prof. Dr. HANS SCHUBERT / Über eine lineare Integrodifferentialgleichung mit Zusatzkern
52 Seiten – 8° – 1950 – DM 9,25 *(vergriffen)*

Heft 8 Dipl. phys. HELMAR KRUPP / Bestimmung der allgemeinen Lösung der Schrödinger-Gleichung für Coulomb-Potential
28 Seiten – 8° – 1950 – DM 5,50 *(vergriffen)*

Band 98

Heft 1 Prof. Dr. WALTER SCHNEE / Über magische Quadrate und lineare Gitterpunktprobleme
48 Seiten – 8° – 1951 – DM 4,65 *(vergriffen)*

Heft 2 Prof. Dr.-Ing. ENNO HEIDEBROEK / Über die Beziehungen zwischen Schmierung und Verschleiß bei geschmierter Gleitreibung
Nachdruck – 36 Seiten – 5 Abbildungen – 8° – 1954 – DM 2,75

Heft 3 Prof. Dr.-Ing. e. h. KARL KEGEL / Der Salzstock Mirowo bei Provadia in Bulgarien
26 Seiten – 9 Abbildungen – 8° – 1951 – DM 3,– *(vergriffen)*

Heft 4 Prof. Dr. HERBERT BECKERT / Prof. Dr. HANS SALIÉ / Bemerkungen über die Verbiegung hyperbolisch gekrümmter Flächenstücke / Über Abels Verallgemeinerung der binomischen Formel
22 Seiten – 2 Abbildungen – 8° – 1951 – DM 2,25

Heft 5 Prof. Dr. ERICH STRACK / Die Dauerinfusion als Verfahren zur Erforschung des Kohlenhydratstoffwechsels des Tierkörpers
20 Seiten – 8° – 1952 – DM 2,– *(vergriffen)*

BERICHTE ÜBER DIE VERHANDLUNGEN DER SÄCHSISCHEN AKADEMIE DER WISSENSCHAFTEN ZU LEIPZIG

Mathematisch-naturwissenschaftliche Klasse

Band 103 · Heft 3

HANS WUSSING

ÜBER EINBETTUNGEN ENDLICHER GRUPPEN

AKADEMIE-VERLAG · BERLIN

1958

Vorgelegt durch Hrn. Hölder in der Sitzung
vom 27. Januar 1958

Manuskript eingeliefert am 14. März 1958

Druckfertig erklärt am 19. 9. 58

Erschienen im Akademie-Verlag GmbH, Berlin W 8, Mohrenstraße 39
Lizenz-Nr. 202 · 100/506/58 · ES 19 B 2

Gesamtherstellung: VEB Druckhaus „Maxim Gorki", Altenburg
Bestell- und Verlagsnummer: 2027/103/3
Preis: DM 2,50
Printed in Germany

In memoriam

Prof. Dr. phil. Walter Schnee

Einleitung

Die hier behandelte Frage wurde von G. HIGMAN, B. H. NEUMANN und H. NEUMANN für die Klasse der abzählbaren Gruppen aufgeworfen. Sie soll für den Spezialfall der endlichen Gruppen vollständig beantwortet werden, und zwar ohne Verwendung tieferer gruppentheoretischer Methoden.

Das Problem der Einbettung von Gruppen ist alles andere als neu: Es ist die Frage nach der Isomorphie einer Gruppe G zu einer Untergruppe $\overline{G}$ von H, wobei an die Gruppe H gelegentlich gewisse Anforderungen gestellt werden.

Beispielsweise ist nach dem Satz von CAYLEY jede endliche Gruppe G der Ordnung N eingebettet in die symmetrische Gruppe $\mathfrak{S}_N$ vom Grade N. Da nun $\mathfrak{S}_N$ die Permutationen $(1, 2)$ und $(1, 2, \ldots, N)$ als Erzeugende besitzt [1], kann man sich auch so ausdrücken: Alle endlichen Gruppen der Ordnung $n \leqq N$ lassen sich einbetten in eine Gruppe mit zwei Erzeugenden, denen man die Ordnungen 2 und N geben kann. Auf diese Weise liefert jeder Satz über Erzeugendensysteme der symmetrischen Gruppen einen entsprechenden Satz über Einbettungen.

Resultate dieser Art sind zahlreich in der Literatur; man könnte sie nach folgendem Gesichtspunkt ordnen:

Einmal kann die Anzahl der Erzeugenden für $\mathfrak{S}_N$ von N abhängen, dagegen sind ihre Ordnungen von N unabhängig. Beispiel: Die sämtlichen Transpositionen aus N Ziffern erzeugen $\mathfrak{S}_N$.

Oder die Anzahl der Erzeugenden ist von N unabhängig, während ihre Ordnungen ganz oder teilweise von N abhängen. Hierher gehört das schon angeführte Beispiel $(1, 2)$, $(1, 2, \ldots, N)$.

Man kann nun fragen nach Einbettungssätzen von solcher Art, wo weder die Anzahl der Erzeugenden noch ihre Ordnungen von N

---

[1] Vgl. Fußnote von § 5.

abhängen. Das sind dann solche Einbettungen, die für sämtliche endlichen Gruppen gelten.

Gesucht sind also Sätze der folgenden Art: Jede endliche Gruppe kann eingebettet werden in eine geeignete endliche Gruppe mit t Erzeugenden, denen man die Ordnungen $n_1, n_2, \ldots, n_t$ geben kann.

Dies ist nun der Spezialfall der von G. HIGMAN, B. H. NEUMANN und H. NEUMANN aufgeworfenen Frage [2].

Die Verfasser untersuchen dort für die Klasse der abzählbaren Gruppen Einbettungsmöglichkeiten in bezug auf die Anzahl der Erzeugenden für die Obergruppe und in bezug auf die Ordnungen dieser Erzeugenden. Sie beweisen, daß jede abzählbare Gruppe eingebettet werden kann in eine Gruppe mit nur zwei Erzeugenden, und B. H. NEUMANN erwähnt [3], daß man den Erzeugenden sogar endliche Ordnung geben kann, und zwar die Ordnungen 2 und 8. Ob dieser Satz auch richtig ist mit anderen Ordnungen, ist unbekannt.

Ihre Beweise stützen sich wesentlich auf den Begriff des verallgemeinerten freien Produkts von Gruppen (d. i. freies Produkt von Gruppen mit vereinigten Untergruppen), der auf O. SCHREIER [4] und die Mitverfasserin von [2], Hanna NEUMANN [5] zurückgeht.

Es zeigt sich nun, daß man bei Beschränkung auf endliche Gruppen ohne diese höheren Begriffsbildungen eine vollständige Übersicht über alle Einbettungsmöglichkeiten geben kann, d. h. über alle Möglichkeiten für Anzahl und Ordnungen der Erzeugenden der Obergruppe, gültig jeder Satz für die gesamte Klasse der endlichen Gruppen.

In diesem Bestreben, möglichst sparsame Mittel einzusetzen, folge ich meinem verehrten Lehrer Prof. Dr. W. SCHNEE. Ihm verdanke

---

[2] Embedding theorems for groups. J. London math. Soc.24 (1949), 247—254.

[3] Lehrbuch der Gruppentheorie von A. G. KUROSCH, Akademieverlag Berlin, 1953; darin ist ein Anhang des Mitverfassers von [1], B. H. NEUMANN enthalten, der die angeführten Ergebnisse und fast wörtlich die Originalarbeit [1] enthält; vgl. insbesondere SS. 362—369.

[4] O. SCHREIER: Abh. math. Sem. Hamburg 5 (1927), 161—183.

[5] Hanna NEUMANN: Amer. J. Math. 70 (1948), 590—628, 71 (1949), 491—540. Generalized free products with amalgamated subgroups, I, II.

ich auch Hinweise über die Anwendung der gefundenen Sätze auf die symmetrischen Gruppen.

Es soll eine abkürzende Schreibweise eingeführt werden:

Es sei jede endliche Gruppe G einbettbar in eine geeignete endliche Gruppe H. Für alle G habe jedes derartige H t Erzeugende, denen man die Ordnungen $n_1, n_2, \ldots, n_t$ geben kann. Dann soll gesagt werden:

Alle endlichen Gruppen besitzen eine *Einbettung vom Typ* $[n_1, n_2, \ldots, n_t]$.

Beispiel: Es wird unten bewiesen werden, daß für alle endlichen Gruppen eine Einbettung vom Typ [2, 3] existiert, d. h. also, jede endliche Gruppe ist Untergruppe einer geeigneten Faktorgruppe der Modulgruppe.

Da nicht sämtliche Gruppen zyklisch sind, braucht man mindestens zwei Erzeugende, d. h. es ist $t \geq 2$. Auch hat man im folgenden darauf zu achten, daß nicht die eine Erzeugende Potenz der anderen ist.

Es soll zunächst nur der Fall $t = 2$ betrachtet werden. Die Ordnungen der beiden Erzeugenden müssen mindestens 2 sein, es soll begonnen werden mit Einbettungen vom Typ $[2^\varrho, 2^\sigma]$, $\varrho \geq 1$, $\sigma \geq 1$.

§ 1. *Einbettungen vom Typ* $[2^\varrho, 2^\sigma]$; $\varrho \geqq 1, \sigma \geqq 1$.

In diesem Paragraphen soll bewiesen werden der

Satz: Jede endliche Gruppe besitzt eine Einbettung vom Typ $[2^\varrho, 2^\sigma]$, wenn bei $\varrho \geq 1$, $\sigma \geq 1$ nur $\varrho + \sigma \geq 3$ gilt. Dagegen ist für die Klasse der endlichen Gruppen die Einbettung vom Typ [2, 2] unmöglich*).

Fall I: $\varrho + \sigma = 2$, also $\varrho = \sigma = 1$.

Man benötigt folgenden *Hilfssatz:*

Zwei Elemente a und b, $a \neq b$, die beide von der Ordnung 2 sind, für die also $a^2 = b^2 = 1$, und für die $(ab)^n = 1$ ist, erzeugen eine Gruppe der Ordnung $2n$.

Beweis: Die durch a und b erzeugte Gruppe sei hier und im folgenden mit $\{a, b\}$ bezeichnet.

---

*) Über die Einbettungen vom Typ [2, 2, 2] vgl. § 6, Satz 2.

Man erkennt zunächst, daß $n \geq 2$ sein muß. Wenn nämlich $ab = 1$, dann folgt wegen $b^2 = 1$ durch Rechtsmultiplikation $a = b$.

Sei $n \geq 2$ beliebig. Die Elemente von (a, b) haben sämtlich die Form

$A = \varepsilon(ab)^\lambda \delta$, wo $0 \leq \lambda \leq n-1$
und ε entweder 1 oder b
δ entweder 1 oder a.

1. Sei $\varepsilon = \delta = 1$. Dann erhält man nach Voraussetzung n verschiedene Potenzen von ab für $\lambda = 0,1, \ldots, n-1$.

2. Sei $\varepsilon = b$, $\delta = a$. Dann ist $A = b(ab)^\lambda a = (ba)^{\lambda+1}$. Weil $(ab)^n = 1$ und daraus $ba = (ab)^{n-1}$, hat man $A = [(ab)^{n-1}]^{\lambda+1} = (ab)^\mu$, wo $0 \leq \mu \leq n-1$. Man erhält also keine neuen Elemente.

3. Sei $\varepsilon = b, \delta = 1$. Dann ist $A = b\,(ab)^\lambda = (ba)^\lambda b = [(ab)^{n-1}]^\lambda\, b = (ab)^{\lambda(n-1)}\, b = (ab)^{-\lambda} b = (ab)^{n-\lambda} b$.

Für $\lambda = 0,1, \ldots, n-1$ erhält man n verschiedene Elemente; man hat sich noch zu überlegen, daß sie von den unter 1. erhaltenen verschieden sind. Wäre $(ab)^{n-\lambda} b = (ab)^\mu$, so kann man umformen

$(ab)^\tau b = 1$, wo $\tau \equiv n - \lambda - \mu\ (n)$
und $0 \leq \tau \leq n-1$.

Sofort auszuschließen ist $\tau = 0$, weil sonst $b = 1$. Ebenso $\tau \neq 1$, weil sonst $abb = a = 1$. Ebenso $\tau \neq 2$, weil sonst $ababb = aba = 1$, daraus $ab = a$, und daraus $b = 1$. Allgemein kann man schrittweise umformen: $(ab)^\tau b = (ab)^{\tau-1} a = 1$, daraus $(ab)^{\tau-1} = a$, daraus $ab(ab)^{\tau-2} = a$, $b\,(ab)^{\tau-2} = 1$, $(ab)^{\tau-2} = b$, $(ab)^{\tau-3} a = 1$, usw. Je nachdem τ gerade oder ungerade ist, erhält man als Widerspruch $b = 1$ oder $a = 1$.

4. Sei $\varepsilon = 1, \delta = a$. Dann ist $A = (ab)^\lambda a = (ab)^\lambda abb = (ab)^{\lambda+1} b$. Also erhält man die unter 3. aufgeschriebenen Elemente.

Insgesamt erhält man unter 1. und 3. je n verschiedene Elemente, die auch untereinander verschieden sind.

Damit ist der Hilfssatz bewiesen.

Nun kann man zeigen, daß die Einbettung vom Typ [2, 2] nicht möglich ist. Da jede endliche Gruppe in einer symmetrischen Gruppe hinreichend hohen Grades enthalten sein muß, hat man nur zu zeigen, daß von zwei Elementen a und b mit $a^2 = b^2 = 1$ niemals symmetrische Gruppen erzeugt werden können, abgesehen natürlich von den Anfangsfällen.

Beweis: Es muß ab endliche Ordnung haben, sei also $(ab)^n = 1$, $n \geq 2$. Nach dem Hilfssatz hat $H = \{a, b\}$ die Ordnung $2n$. Falls H doch irgendeine symmetrische Gruppe wäre, etwa vom Grade ν, $H = \mathfrak{S}_\nu$, hätte man als Beziehungen zwischen den Ordnungen

$$2n = \nu!, \quad \text{d. h.} \quad (ab)^{\frac{\nu!}{2}} = 1.$$

Die letzte Gleichung bedeutet aber, daß die alternierende Gruppe, die die Ordnung $\frac{\nu!}{2}$ besitzt, zyklisch wäre. Dies ist aber falsch für $\nu > 3$.

Fall II: $$\varrho + \sigma \geq 3.$$

Man hat die Möglichkeit der Einbettung für sonst beliebiges ϱ und σ zu beweisen. Dies gelingt, indem man eine unendliche Folge (α_ν) natürlicher Zahlen angibt, derart, daß jede symmetrische Gruppe $\mathfrak{S}_{\alpha_\nu}$ des Grades α_ν durch zwei Erzeugende a und b von den Ordnungen 2^ϱ und 2^σ erzeugt wird.

Hier und im folgenden bedeute N die Ordnung der beliebigen endlichen Gruppe.

1. Schritt:

Als „Hauptteile" der zu konstruierenden Erzeugenden a und b nehme man

$a^* = (1, 2, 3, 4)(5, 6, 7, 8)(9, 10, 11, 12)(13, 14, 15, 16)$ und
$b^* = (1, 7)(2, 6)(4, 5)(8, 9)(12, 13)$.

Diese Hauptteile haben nur die Aufgabe, den Beweis zu vereinfachen. Zunächst kann man zeigen, daß $\{a^*, b^*\} = H^* = \mathfrak{S}_{16}$.

Man erhält nämlich

$$\begin{aligned} a^*b^* &= (1, 6)(2, 3, 5)(4, 7, 9, 10, 11, 13, 14, 15, 16, 12, 8) \\ &= (1, 6)(2, 3, 5)\ Z(11). \end{aligned}$$

Hier und im folgenden soll $Z(k)$ bedeuten einen Zyklus der Länge k.

Da nun 2, 3 und 11 paarweise teilerfremd sind, erhält man durch Potenzieren von a^*b^* die einzelnen Zyklen $(1, 6)$, $(2, 3, 5)$ und $Z(11)$, d. h.

$$\begin{aligned} (1, 6) &\in H^* = \{a^*, b^*\} \\ (2, 3, 5) &\in H^* \\ Z(11) &\in H^*. \end{aligned}$$

Die Transformation $a^*(2, 3, 5)\, a^{*-1}$ liefert $(1, 2, 8) \in H^*$.
(Wenn π_1 und π_2 Permutationen bedeuten, dann soll $\pi_2 \pi_1 \pi_2^{-1}$ heißen: „Transformation von π_1 mittels π_2").

Weil nun zwar die Ziffer 8, nicht aber die Ziffern 1 und 2 in $Z(11)$ vorkommen, sieht man nach Transformation von $(1, 2, 8)$ mit den Potenzen von $Z(11)$, daß

$$(1, 2, \lambda) \in H^*, \text{ wo } \lambda = 4, 7, 8, 9, 10, 11, 12, 13, 14, 15, 16.$$

Weiterhin ist

$$(1, 2, 8)\,(1, 6)\,(1, 2, 8)\,(1, 6)\,(1, 8, 2) = (1, 2, 6).$$

Ähnlich erhält man unter Benutzung von $(2, 3, 5)$ noch $(1, 2, 3)$ und $(1, 2, 5)$. Also hat man

$$(1, 2, 3), \quad (1, 2, 4), \ldots, (1, 2, 16) \in H^*.$$

Diese Elemente erzeugen die alternierende Gruppe $\mathfrak{A}_{16}$ von 16 Ziffern. Weil b^* ungerade, hat man $H^* = \mathfrak{S}_{16}$, q.e.d.

2. Schritt:

Sei zunächst $\varrho = 1$ und $\sigma = 2$.

Man nehme das minimale $x \geq 0$ mit $x \not\equiv 2(3)$, daß der Ausdruck $L(x) = 16 + 8x + 1 \geq N$ ausfällt. Zur Abkürzung setze man noch $y = 16 + 8x$.

Als Erzeugende wähle man

$$a^{**} = a^* \cdot \prod_{i=0}^{x-1} (17 + i8, \;\; 18 + i8, \;\; 19 + i8, \;\; 20 + i8)$$
$$(21 + i8, 22 + i8, 23 + i8, 24 + i8),$$
$$b^{**} = b^* \cdot \prod_{i=0}^{x-1} (16 + i8, 17 + i8)\,(20 + i8, 21 + i8)/(y - 2, y - 1)$$
$$(y, y + 1).$$

Danach lauten, bei Verwendung der Abkürzung $y = 16 + 8x$, die letzten beiden Viererzyklen in a^{**}:

$$(y - 7, y - 6, y - 5, y - 4)\,(y - 3, y - 2, y - 1, y).$$

In b^{**} tritt der Deutlichkeit halber ein Strich / auf; er soll die Grenze für die Produktbildung andeuten. Also endigt b^{**} auf

$$(y - 8, y - 7)\,(y - 4, y - 3)\,(y - 2, y - 1)\,(y, y + 1).$$

$H^{**} = \{a^{**}, b^{**}\}$ ist transitiv und hat den Grad $y + 1$. b^{**} ist ungerade. Man erhält

$a^{**} b^{**} = (1, 6)\ (2, 3, 5) \cdot Z(y + 1 - 5 - 1) = (1, 6)\ (2, 3, 5) \cdot Z(y - 5)$, weil in $a^{**} b^{**}$ die Ziffer $y - 2$ nicht geändert wird.

Da nun $y - 5 = 16 + 8x - 5 \not\equiv 0(2)$
$\not\equiv 0(3)$ für $x \not\equiv 2(3)$,

erhält man durch Potenzieren von $a^{**} b^{**}$

$$(1,\ 6) \in H^{**}, \qquad (2, 3, 5) \in H^{**}, \qquad Z(y - 5) \in H^{**}.$$

Derselbe Schluß wie beim ersten Schritt, bei Ersetzung von a^* durch a^{**}, von b^* durch b^{**} und von $Z(11)$ durch $Z(y - 5)$ und schließlich noch die Transformation von $(1, 2, y - 1)$ mit $(1, 4, 2) \cdot a^{**}$ liefern

$(1, 2, 3),\ (1, 2, 4),\ \ldots,\ (1, 2, y - 2),\ (1, 2, y - 1),\ (1, 2, y),\ (1, 2, y + 1) \in H^{**}$.

Da b^{**} ungerade, hat man

$$H^{**} = \mathfrak{S}_{16+8x+1}, \text{ q. e. d.}$$

3. Schritt:

Sei schließlich $\varrho \geq 1$ und $\sigma \geq 2$.

Durch die Kongruenz $2x_0 + 2^\varrho + 2^\sigma - 1 \equiv 0(3)$ ist x_0 in Abhängigkeit von ϱ und σ eindeutig bestimmt, nämlich

$x_0 \equiv 0(3)$, wenn ϱ und σ gerade
$x_0 \equiv 2(3)$, wenn ϱ und σ ungerade
$x_0 \equiv 1(3)$ in den beiden anderen Fällen.

Man nehme das minimale $x \geq 0$ mit $x \not\equiv x_0(3)$, daß noch der Ausdruck

$$16 + 8x + 4 + 2^\varrho + 2^\sigma - 1 = y + 4 + 2^\varrho + 2^\sigma - 1 = L(x) \geq N$$

ausfällt; wieder wurde zur Abkürzung $y = 16 + 8x$ gesetzt.

Als Erzeugende wähle man

$$a = a^{**}(y + 1, y + 2, y + 3, y + 4)\,(y + 5, y + 6, \ldots, y + 4 + 2^\sigma)$$

und

$$b = b^{**}(y + 4, y + 5)\,(y + 4 + 2^\sigma, y + 4 + 2^\sigma + 1, \ldots, y + 4 + 2^\sigma - 1 + 2^\varrho).$$

Wieder ist die zweite Erzeugende b ungerade, und zwar für alle ϱ. Es ist

$$ab = (1, 6)\,(2, 3, 5) \cdot Z(y + 4 + 2^\sigma + 2^\varrho - 1 - 6),$$

weil in ab die Ziffer $y - 2$ nicht geändert wird. Da

$$y + 4 + 2^\sigma + 2^\varrho - 1 - 6 = 16 + 8x + 4 + 2^\sigma + 2^\varrho - 1 - 6$$
$$\not\equiv 0\,(2)$$

und auch $\not\equiv 0\,(3)$ für $x \not\equiv x_0(3)$,

läßt sich die Schlußweise vom zweiten Schritt anwenden; natürlich tritt a an die Stelle von a^{**}, usw.

Also ist $H = \{a, b\} = \mathfrak{S}_{16+8x+4+2^\varrho+2^\sigma-1}$.

Durch den vorbereitenden 1. Schritt und die Schritte 2 und 3 ist der Satz bewiesen.

Bemerkung: Eigentlich ist durch den Ansatz des dritten Schrittes derjenige vom zweiten Schritt überflüssig geworden. Er ist aber trotzdem aufgenommen worden, weil diese Erzeugenden einfachere Gestalt besitzen und wegen einer Anwendung in § 5.

§ 2. *Einbettungen vom Typ* $[2^\varrho, p^\sigma]$; $p \geq 7$ prim, $\varrho \geq 1, \sigma \geq 1$.

Satz: Alle endlichen Gruppen gestatten eine Einbettung vom Typ $[2^\varrho, p^\sigma]$, $\varrho \geq 1, \sigma \geq 1$, wo p Primzahl ≥ 7 ist.

Beweis:

I. Als „Hauptteile" der zu konstruierenden Erzeugenden a und b wähle man

$$a^* = (1, 2, \ldots, p)\,(p + 1, p + 2, \ldots, 2p)\,(2p + 1, 2p + 2, \ldots, 3p)$$

und

$$b^* = (1, p + 2)\,(2, p - 1)\,(3, p - 2)\,(p - 3, p + 3)\,(p, p + 1)\,(2p, 2p + 1)\,(3p, 3p + 1).$$

Dieser willkürliche Ansatz rechtfertigt sich dadurch, daß der Beweis vereinfacht wird.

Weil die Transposition $(3, p - 2)$ in dem ungeraden b^* vorkommt, muß sein $p \geq 7$. Man erhält

$$a^*b^* = (1, p-1, p+1)\,(2, p-2) \cdot Z(3p+1-5).$$

Da $3p - 4 \not\equiv 0(2)$ und $\not\equiv 0(3)$, folgt, wie immer durch Potenzieren,

$$\begin{aligned} &(1, p-1, p+1) && \in H^* = \{a^*, b^*\} \\ &(2, p-2) && \in H^* \\ &Z && \in H^*. \end{aligned}$$

Auf folgendem Wege etwa erhält man $(1, 2, 3) \in H^*$:

$$\begin{aligned} b^*(2, p-2)\, b^{*-1} &= (3, p-1) \\ a^*(2, p-2)\, a^{*-1} &= (1, p-3) \\ b^*(1, p-3)\, b^{*-1} &= (p+2, p+3). \end{aligned}$$

Nun zerfällt $a^*(p+2, p+3)$ in das Produkt zweier Zyklen der Länge p und eines Zyklus der Länge $p-1$. Die Kongruenz $z \cdot (p-1) \equiv 1(p)$ für z ist lösbar. Also liefert die $z(p-1)$te Potenz von $a^*(p+2, p+3)$ das Element

$$a^* = (1, 2, \ldots, p)\,(2p+1, 2p+2, \ldots, 3p).$$

Man transformiere $(1, p-1, p+1)$ mit a^* und erhält $(p-2, p+1, p) \in H^*$. Schließlich gibt die Transformation von $(1, p-1, p+1)$ mit $(3, p-1)\,(2, p-2)\,(p, p-2, p+1)$ das gewünschte Ergebnis $(1, 2, 3) \in H^*$.

Der Zyklus $Z(3p+1-5)$ enthält insbesondere die Ziffer 3, nicht aber die Ziffern 1 und 2. Also erhält man durch Transformation von $(1, 2, 3)$ mit den laufenden Potenzen von $Z(3p+1-5)$ und schließlich noch unter Verwendung von $(1, p-1, p+1)$ und $(2, p-2)$ alle entscheidenden Dreierzyklen $(1, 2, 3)$, $(1, 2, 4)$, … …, $(1, 2, 3p)$, $(1, 2, 3p+1)$. Daraus folgt aber, weil b^* ungerade,

$$H^* = \{a^*, b^*\} = \mathfrak{S}_{3p+1}.$$

II.

Sei zunächst $\varrho \geqq 1$, $\sigma = 1$.

Man nehme $x \geqq 0$ aus der Restklasse $x \equiv 0(3)$ minimal derart, daß $L(x) = 3p + 2px + 2^\varrho - 1 \geqq N$ ausfällt.

Die erste Erzeugende sei

$$a^{**} = a^* \cdot \prod_{i=0}^{x-1} (3p + 1 + i2p, \ldots, 4p + i2p)\,(4p + 1 + i2p, \ldots,$$

$5p + i2p)$, und als zweite Erzeugende wähle man

$$b^{**} =$$

$$b^* \cdot \prod_{i=0}^{x-2} (4p + i2p,\, 4p + 1 + i2p)\,(5p + i2p,\, 5p + 1 + i2p)$$

$$/\,(y - p,\, y - p + 1)\,(y,\, y + 1, \ldots, y + 2^{\varrho} - 1).$$

Hierin ist zur Abkürzung $y = 3p + 2px$ gesetzt. Mit dieser Bezeichnung lauten die letzten beiden p-Zyklen in a^{**}:

$$(y - 2p + 1,\, y - 2p + 2, \ldots, y - p)$$

$$\text{und } (y - p + 1,\, y - p + 2, \ldots, y).$$

In b^{**} ist die Produktbildung bis zum Strich vorzunehmen. Man erhält

$$a^{**}\, b^{**} = (1,\, p - 1,\, p + 1)\,(2,\, p - 2) \cdot Z(y - 1 + 2^{\varrho} - 5),$$

insbesondere enthält Z die Ziffer 3.

Da $y - 1 + 2^{\varrho} - 5 \not\equiv 0(2)$ und wegen $x \equiv 0(3)$ auch $y - 1 + 2^{\varrho} - 5 \not\equiv 0(3)$, und dies für alle ϱ, schließt man wieder, daß

$$(1,\, p - 1,\, p + 1) \in H^{**} = \{a^{**}, b^{**}\}$$

$$(2,\, p - 2) \in H^{**}$$

$$Z \in H^{**}.$$

Zunächst bleibt wie unter I der Schluß richtig, daß

$$(3,\, p - 1),\, (1,\, p - 3),\, (p + 2,\, p + 3) \in H^{**},$$

indem a^{**} an die Stelle von a^*, b^{**} an die Stelle von b^* tritt. An die Stelle von α^* tritt hier

$$\alpha^{**} = \alpha^* \cdot \prod_{i=0}^{x-1} (3p + 1 + i2p, \ldots, 4p + i2p)$$

$$\cdot\, (4p + 1 + i2p, \ldots, 5 + i2p)$$

$$= [a^{**} \cdot (p + 2,\, p + 3)]^{z(p-1)},$$

wo z der Kongruenz genügt $z(p - 1) \equiv 1(p)$. α^{**} ist ebenfalls das Produkt von Zyklen der Länge p und eines Zyklus der Länge

$p-1$. Infolgedessen kann man ganz dieselbe Schlußweise anwenden wie unter I; man erhält

$$H^{**} = \{a^{**}, b^{**}\} = \mathfrak{S}_{3p+2px+2^\varrho-1}.$$

III.

Sei nun beliebig $\varrho \geqq 1$, $\sigma \geqq 1$.

Durch die Kongruenz $2px_0 + p + p^\sigma + 2^\varrho \equiv 0(3)$ ist die Restklasse x_0 in Abhängigkeit von p, ϱ, σ eindeutig bestimmt.

Man nehme das minimale $x \not\equiv x_0(3)$, $x \geqq 0$, so daß noch

$$L(x) = 3p + 2px + p + p^\sigma + 2^\varrho - 1 \geqq N$$

ausfällt.

Durch den folgenden Ansatz für die Erzeugenden a und b wird die Fallunterscheidung $2^\varrho \gtreqless p^\sigma$ vermieden.

Als Erzeugende wähle man, bei $3p + 2px = y$

$$a = a^{**}(y+1, y+2, \ldots, y+p)\,(y+p+1, y+p+2, \ldots, y+p+p^\sigma)$$

und

$$b = b^* \prod_{i=0}^{x-1} (4p + i2p, 4p + 1 + i2p)\,(5p + i2p, 5p + 1 + i2p)/ \\ (y+p, y+p+1)\,(y+p+p^\sigma, y+p+p^\sigma+1, \ldots, \\ y+p+p^\sigma+2^\varrho-1).$$

Da b^* eine ungerade Permutation ist, ist b auch ungerade. Für ab erhält man

$$ab = (1, p-1, p+1)\,(2, p-2)\,Z(y+p+p^\sigma-1+2^\varrho-5).$$

Es ist $y + p + p^\sigma - 1 + 2^\varrho - 5 \not\equiv 0(2)$ und auch $\not\equiv 0(3)$ wegen $x \not\equiv x_0(3)$.

Also liefern die Potenzen von ab ebenso wie unter I und II:

$$\begin{aligned} (1, p-1, p+1) &\in H = \{a, b\} \\ (2, p-2) &\in H \\ Z &\in H, \end{aligned}$$

und, indem a bzw. b an die Stelle von a^* bzw. b^* treten,

$$(3, p-1), (1, p-3), (p+2, p+3) \in H.$$

Da die Kongruenz $z(p-1) \equiv 1\,(p^\sigma)$ für z lösbar ist, liefert die $z(p-1)$te Potenz von $a(p+2, p+3)$ das Element

$$a = a^{**}(y+1, y+2, \ldots, y+p)\,(y+p+1, \ldots, y+p+p^\sigma).$$

Indem man a^{**} ersetzt durch a, kann man denselben Schluß anwenden wie unter II bzw. I, und man erhält

$$H = \{a, b\} = \mathfrak{S}_{3p+2px+p+p^\sigma+2^\varrho-1}\,, \text{ q. e. d.}$$

§ 3. *Die Ausnahmefälle* $[2^\varrho, 3^\sigma];\ \varrho \geqq 1,\ \sigma \geqq 1.$ $[2^\varrho, 5^\sigma];\ \varrho \geqq 1,\ \sigma \geqq 1.$

Der allgemeine Ansatz für die Erzeugende b des vorigen Paragraphen bei beliebiger ungerader Primzahl p versagt für die Fälle $p = 3$ und $p = 5$, weil in b die Transposition $(3, p-2)$ vorkommt. Durch einen anderen Ansatz für den „Hauptteil" hätten sich zwar auch diese Fälle mit einbeziehen lassen, dafür aber wäre die bequeme Schlußweise zerstört worden, die zu $(1, 2, 3) \in H$ führt und dann die Transformation mit den die Ziffer 3 enthaltenden Potenzen von Z benutzt. — Um also die bequeme Schlußweise aufrechterhalten zu können, treten 3 und 5 in Sonderstellung auf.

S a t z : Alle endlichen Gruppen gestatten eine Einbettung vom Typ

$$[2^\varrho, 3^\sigma];\ \varrho \geqq 1,\ \sigma \geqq 1.$$

Beweis:

I. „Hauptteile" der Erzeugenden:

$$a^* = (1, 2, 3)\,(4, 5, 6)\,(7, 8, 9)$$
$$b^* = (1, 6)\,(2, 5)\,(3, 9)\,(4, 8)\,(7, 10).$$

Es ist $a^*\,b^* = (1, 5)\,(3, 6, 8)\,(2, 9, 10, 7, 4)$ und daraus nach der oft benutzten Schlußweise

$$(1, 5) \in H^* = \{a^*, b^*\}$$
$$(3, 6, 8) \in H^*$$
$$Z = (2, 9, 10, 7, 4) \in H^*.$$

Man rechnet nun etwa in folgender Weise mit dem Ziel $\{a^*, b^*\} = \mathfrak{S}_{10}$: $(2, 6) = b^*(1, 5)\,b^*$. $(2, 6)$ mit den laufenden Potenzen von $Z = (2, 9, 10, 7, 4)$ transformiert, ergibt $(4, 6)$, $(6, 7)$, $(6, 9)$, $(6, 10)$ $\in H^*$. $a^*(6, 10)$ liefert potenziert $(1, 2, 3)\,(7, 8, 9) \in H^*$, und damit kommt auch $(4, 5, 6) \in H^*$. $(1, 2, 3)\,(7, 8, 9)\,(6, 9)$ liefert potenziert

$(1,2,3) \in H^*$. $(1,2,3)$ transformiert mit den Potenzen von $(3,6,8)$ ergibt $(1,2,6)$ und $(1,2,8) \in H^*$. $(1,2,6)$ der Reihe nach transformiert mit $(4,6), (6,7), (6,9), (6,10)$ gibt $(1,2,4), (1,2,7), (1,2,9), (1,2,10) \in H^*$. Schließlich erhält man durch Transformation von $(1,2,4)$ mit $(4,5,6)$ noch $(1,2,5) \in H^*$, q.e.d.

II. Sei zunächst $\varrho = \sigma = 1$.

Man nehme das minimale $x \geqq 0$, daß $L(x) = 9 + 6x + 1 \geqq N$ ausfällt. Als Erzeugende wähle man

$$a^{**} = a^* \cdot \prod_{i=0}^{x-1} (10 + i6, 11 + i6, 12 + i6)\,(13 + i6, 14 + i6, 15 + i6)$$

und $\quad b^{**} = b^* \cdot \prod_{i=0}^{x-1} (12 + i6, 13 + i6)\,(15 + i6, 16 + i6)$.

Dann hat man

$$a^{**}b^{**} = (1,5)\,(3,6,8) \cdot Z(9 + 1 + 6x - 5).$$

Da $5 + 6x$ teilerfremd zu 2 und 3 für alle x, erhält man nach der bekannten Schlußweise

$$\begin{aligned} (1,5) &\in H^{**} = \{a^{**}, b^{**}\} \\ (3,6,8) &\in H^{**} \\ Z &\in H^{**}. \end{aligned}$$

Ersetzt man sinngemäß die Elemente von I durch die hier entstehenden, so liefert genau dieselbe Rechnung wie unter I, daß

$$H^{**} = \mathfrak{S}_{10+6x}.$$

III. Sei schließlich $\varrho \geqq 1, \sigma \geqq 1$.

Man nehme das minimale $x \geqq 0$, daß $L(x) = 9 + 6x + 3 + 3^\sigma + 2^\varrho - 1 \geqq N$ ausfällt. Als Erzeugende setze man, bei der Abkürzung $y = 9 + 6x$,

$a = a^{**}(y + 1, y + 2, y + 3)\,(y + 4, y + 5, \ldots, y + 3 + 3^\sigma)$ und

$b = b^{**}(y + 3, y + 4)\,(y + 3 + 3^\sigma, y + 3 + 3^\sigma + 1, \ldots, y + 3 + 3^\sigma - 1 + 2^\varrho)$.

Dann wird

$$a\,b = (1,5)\,(3,6,8) \cdot Z(y + 3 + 3^\sigma - 1 + 2^\varrho - 5),$$

und zwar für alle $\varrho \geqq 1, \sigma \geqq 1$.

Wieder ist $9 + 6x + 3 + 3^\sigma - 1 + 2^\varrho - 5 \not\equiv 0(2)$ und auch $\not\equiv 0(3)$ für alle $\varrho \geqq 1$.

Man beweist wie unter I bzw. II, daß

$$H = \{a, b\} = \mathfrak{S}_{9+6x+3+3^\sigma-1+2^\varrho}.$$

Damit ist der Satz bewiesen.

Satz: Alle endlichen Gruppen besitzen eine Einbettung vom Typ

$$[2^\varrho, 5^\sigma];\ \varrho \geqq 1,\ \sigma \geqq 1.$$

Beweis:

I. „Hauptteile" der Erzeugenden:

$$a^* = (1, 2, 3, 4, 5)\,(6, 7, 8, 9, 10)\,(11, 12, 13, 14, 15),$$
$$b^* = (1, 7)\,(2, 4)\,(5, 6)\,(10, 11)\,(15, 16).$$

Dann ist

$$a^*\, b^* = (1, 4, 6)\,(2, 3)\,Z(11),$$

daraus folgt

$$(1, 4, 6) \in H^* = \{a^*, b^*\}$$
$$(2, 3) \in H^*$$
$$Z \in H^*.$$

Man hat $H^* = \mathfrak{S}_{16}$ zu beweisen.
$a^*(2, 3) = Z(4) \cdot Z(5) \cdot Z(5)$, also durch Potenzieren getrennt $(1, 3, 4, 5) \in H^*$, $\alpha = (6, 7, 8, 9, 10)(11, 12, 13, 14, 15) \in H^*$. Also $(1, 4)\,(3, 5) \in H^*$. Da $(1, 4)\,(3, 5)\,(2, 3) = (1, 4)\,(2, 3, 5)$, hat man $(1, 4)$ und $(2, 3, 5) \in H^*$. Man rechnet weiter $\alpha^{-1}(1, 4, 6)\alpha = (1, 4, 7)$, $b^*(1, 4, 6)b^{*-1} = (2, 5, 7)$, $(2, 7, 5)\,(1, 4, 7)\,(2, 5, 7) = (1, 4, 2)$, also $(1, 2, 4) \in H^*$. $(1, 2, 4)\,(1, 4)\,(1, 4, 2) = (2, 4)$.
$(2, 4)\,(1, 4, 6)\,(2, 4) = (1, 2, 6) \in H^*$.
$(1, 6, 2)\,(2, 3)\,(1, 2, 6)\,(2, 3)\,(1, 2, 6) = (1, 2, 3) \in H^*$.
$(2, 3)\,(2, 5, 3)\,(1, 2, 3)\,(2, 3, 5)\,(2, 3) = (1, 2, 5) \in H^*$.

Durch Transformation von $(1, 2, 5)$ mit den Potenzen von $Z(11)$ erhält man die fehlenden Dreierzyklen $(1, 2, 7), \ldots, (1, 2, 16)$, da in $Z(11)$ zwar die Ziffer 5, nicht aber die Ziffern 1 und 2 vorkommen.

II. Sei zunächst $\varrho = \sigma = 1$.

Man nimmt $x \not\equiv 1(3)$ minimal derart, daß $15 + 10x + 1 = L(x) \geqq N$ ausfällt und als Erzeugende

$$a^{**} = a^* \cdot \prod_{i=0}^{x-1} (16 + i10, 17 + i10, 18 + i10, 19 + i10, 20 + i10) \cdot (21 + i10, 22 + i10, 23 + i10, 24 + i10, 25 + i10),$$

$$b^{**} = b^* \cdot \prod_{i=0}^{x-1} (20 + i10, 21 + i10)\,(25 + i10, 26 + i10).$$

Mit der Abkürzung $y = 15 + 10x$ hat man dann

$$a^{**}b^{**} = (1, 4, 6)\,(2, 3) \cdot Z(y - 4).$$

Nun ist $15 + 10x - 4 \not\equiv 0(2)$
und auch $\not\equiv 0(3)$ für $x \not\equiv 1(3)$.

Also hat man wieder

$$\begin{aligned} (1, 4, 6) &\in H^{**} = \{a^{**}, b^{**}\} \\ (2, 3) &\in H^{**} \\ Z(y-4) &\in H^{**}. \end{aligned}$$

Durch dieselbe Rechnung wie unter I, bei nur entsprechend längerem α, erhält man

$$H^{**} = \mathfrak{S}_{15+10x+1}.$$

III. Sei schließlich $\varrho \geqq 1$, $\sigma \geqq 1$.

Durch die Kongruenz $x_0 + 2 + 2^\sigma + 2^\varrho \equiv 0(3)$ ist x_0 eindeutig bestimmt, nämlich

$x_0 \equiv 2(3)$, falls ϱ und σ gerade
$x_0 \equiv 0(3)$, falls ϱ und σ ungerade
$x_0 \equiv 1(3)$ in den beiden anderen Fällen.

Man nehme das minimale $x \not\equiv x_0(3)$, daß bei $x \geqq 0$ noch

$$15 + 10x + 5 + 5^\sigma + 2^\varrho - 1 = L(x) \geqq N \text{ ausfällt.}$$

Als Erzeugende setze man an bei Verwendung der Abkürzung

$$y = 15 + 10x$$

$$a = a^{**}(y + 1, y + 2, \ldots, y + 5)\,(y + 6, y + 7, \ldots, y + 5 + 5^\sigma)$$

und

$$b = b^{**}\,(y + 5, y + 6)\,(y + 5 + 5^\sigma, y + 5 + 5^\sigma + 1, \ldots, y + 5 + 5^\sigma + 2^\varrho - 1).$$

Man erhält

$$ab = (1, 4, 6)\,(2, 3) \cdot Z(y + 5^\sigma + 2^\varrho - 1).$$

Es ist $y + 5^\sigma + 2^\varrho - 1 \not\equiv 0(2)$ und auch
$\not\equiv 0(3)$, wegen $x \not\equiv x_0(3)$,

so daß also

$$\begin{aligned} (1, 4, 6) &\in H = \{a, b\} \\ (2, 3) &\in H \\ Z &\in H. \end{aligned}$$

Mit Hilfe dieser Elemente zeigt man analog I bzw. II, daß

$$H = \{a, b\} = \mathfrak{S}_{15 + 10x + 5 + 5^{\sigma} - 1 + 2^{\varrho}},$$

und damit ist der Satz bewiesen.

§ 4. *Übersicht über alle Einbettungen* $[m, n]$ und $[n_1, n_2, \ldots, n_t]$; $t \geqq 2$.

Es soll eine Übersicht über alle möglichen Einbettungstypen bei zunächst zwei Erzeugenden, dann bei $t > 2$ Erzeugenden gegeben werden. Das Ziel besteht darin, notwendige und hinreichende Bedingungen anzugeben für diejenigen Ordnungen der Erzeugenden, bei denen Einbettung möglich ist für die Klasse der endlichen Gruppen.

Die Ordnung m wird der Erzeugenden a bzw. A, die Ordnung n wird der Erzeugenden b bzw. B zugeordnet.

Als Primfaktorzerlegung sei angenommen

$$m = p_1^{\alpha_1} p_2^{\alpha_2} \ldots p_\mu^{\alpha_\mu}$$
$$n = q_1^{\beta_1} q_2^{\beta_2} \ldots q_\nu^{\beta_\nu}, \quad q_1 < q_2 < \ldots < q_\nu.$$

Mit Absicht ist für m keine Größenbeziehung seiner Primfaktoren angegeben.

I. Nach § 1 ist der Einbettungstyp $[2, 2]$, also $m = n = 2$ ausgeschlossen.

II. Sei nun weder $q_1 = 2$ noch m durch 2 teilbar, also $mn \not\equiv 0\,(2)$. Jede Permutation der Ordnung m bzw. n ist dann, von welchem Typ sie auch sei, notwendigerweise gerade. Wenn etwa $m = 3 \cdot 5 \cdot 7^2$, dann kommen als Typen dieser Permutation Π der Ordnung m in Frage

$$\Pi = Z(3)\, Z(5)\, Z(7^2)$$
$$\Pi = Z(3)\, Z(5 \cdot 7^2)$$
$$\Pi = Z(3 \cdot 5)\, Z(7^2)$$
$$\Pi = Z(3 \cdot 7^2)\, Z(5)$$
$$\Pi = Z(3 \cdot 5 \cdot 7^2),$$

wenn man davon absieht, daß sich Zyklen gleicher Länge wiederholen. Da die Länge jedes einzelnen Zyklus ungerade ist, sich also jeder Zyklus in eine gerade Anzahl von Transpositionen zerlegen läßt, ist jeder Zyklus eine gerade Permutation und Π als Produkt gerader Permutationen ebenfalls gerade.

Bei dieser Annahme über m und n können a und b also günstigstenfalls alternierende Gruppen erzeugen.

Wenn also $m \cdot n \not\equiv 0(2)$, dann ist Einbettung für die Klasse der endlichen Gruppen unmöglich.

III. Sei nun $m \cdot n \equiv 0(2)$.

Ohne Einschränkung der Allgemeinheit kann man annehmen

$$q_1 = 2, \; p_1 \geq 2,$$

also wenigstens n gerade.

a) Bestehen nun m und n aus je einer Primzahlpotenz, d. h. $\nu = \mu = 1$, dann haben wir die Einbettungstypen $[p_1^{\alpha_1}, 2^{\beta_1}] = [2^{\beta_1}, p_1^{\alpha_1}]$; $\alpha_1 \geq 1, \beta_1 \geq 1$. Diese sind in den vorangehenden Paragraphen sämtlich als möglich erkannt für die Klasse der endlichen Gruppen, mit einziger Ausnahme des Falles $m = n = 2$.

b) Sei n reine Zweierpotenz: $n = 2^{\beta_1} = 2^\beta$; $\beta_1 = \beta \geqq 1$,
dagegen $m = p_1^{\alpha_1} \cdot m' = p^\alpha \cdot m'$,
wo $m' > 1$ und der g.g.T. $(p_1, m') = (p, m') = 1$.

In dieser Kurzschreibweise zur Vermeidung der Indizes bedeute p etwa die kleinste in m enthaltene Primzahl.

Zunächst sei ausgeschlossen der Fall $p = 2, \alpha = 1$; und zwar deshalb, weil einerseits auch $\beta = 1$ zugelassen werden soll, man sich aber andererseits nicht auf den Einbettungstyp [2, 2] stützen kann.

Oben waren Erzeugende a und b von den Ordnungen p^α und 2^β angegeben worden*). Dabei hängt a natürlich ab von p und α, und b hängt ab von β. Bei unserer Verabredung über p ist a jetzt eindeutig festgelegt, und es kann auf Indizierung, etwa a_p, verzichtet werden.

Durch Betrachten der oben konstruierten Erzeugenden a und b erkennt man: Die Erzeugende b von der Ordnung 2^β enthält stets mindestens eine Ziffer k, die in der Erzeugenden a von der Ordnung p^α nicht vorkommt. Auch hier hängt das k ab von p und α; da wir aber nur die Existenz benötigen, sei darauf verzichtet, k explizite anzugeben. Da k eine der Ziffern zwischen 3 und dem jeweiligen $L(x)$

---

*) α tritt an die Stelle des früheren σ, β an die von ϱ.

ist, kommt, wie früher bewiesen, der Dreierzyklus $(1, 2, k)$ in $\{a, b\}$ vor.

Man bilde nun auf folgende Weise eine Erzeugende A von der Ordnung $m = p^a \cdot m'$. Fügt man an die Permutation a der Ordnung p^a einen Zyklus der Länge m' an,
der die Ziffer k enthält,
der nur diese eine Ziffer mit b gemeinsam hat, und
der selbstverständlich mit a keine gemeinsame Ziffer besitzt,
so erhält man in der Tat eine Permutation $A = a \cdot Z(m')$ der Ordnung $p^a \cdot m'$, weil $(p, m') = 1$ vorausgesetzt war. $Z(\mathrm{m}')$ enthält die Ziffer k, nicht aber die Ziffern 1 und 2.

Eine geeignete Potenz von A ist a, denn:

$$A^{m'} = a^{m'}, \text{ weil } A = a \cdot Z(m').$$

a hat die Ordnung p^a. Es läßt sich die Kongruenz $z \cdot m' \equiv 1\,(p^a)$ für z auflösen, weil nach Voraussetzung $(m', p^a) = 1$. Also kommt

$$A^{m' \cdot z} = a^{m' \cdot z} = a, \text{ q.e.d.}$$

Also $a \in \{A, b\}$. Also auch nach Multiplikation $Z(m') \in \{A, b\}$. Weil nach Voraussetzung $(1, 2, k) \in \{a, b\}$, erhält man durch Transformation von $(1, 2, k)$ mit den laufenden Potenzen von $Z(m')$ weitere $m' - 1$ entscheidende Dreierzyklen, so daß insgesamt eine symmetrische Gruppe des Grades $L(x) + m' - 1$ erzeugt wird. Wieder kann man den Parameter x so wählen, daß der Grad der symmetrischen Gruppe die Ordnung N der endlichen Gruppe nur minimal übertrifft.

Eine Bemerkung hilft den noch ausgeschlossenen Fall $p = 2$, $a = 1$ überwinden.

Nirgends ist im vorstehenden davon Gebrauch gemacht, daß p wirklich die kleinste in m enthaltene Primzahl bedeutet. Eigentlich war die Bedeutung von p nur deswegen genau festgelegt, um das Mitschleppen von Indizes zu vermeiden. Ebenso hätte man bei $m = p_1^{a_1} p_2^{a_2} \ldots p_\mu^{a_\mu}$ von jeder in m enthaltenen Primzahl ausgehen können.

Der oben ausgeschlossene Fall: $m = 2 \cdot m'$, also $p = 2, a = 1$. Nach Voraussetzung ist $m' > 1$ und $(m', p) = 1$, also ist in m eine Primzahl $p_2 \neq p$ enthalten. Man hat nur das obige Verfahren bei $m = p_2 \cdot m''$ auf p_2 anzuwenden statt auf p.

Damit ist nun die Einbettung bewiesen für alle Typen der Form

$$[2^\beta, m]\,;\ \beta \geq 1,\ m > 2.$$

c) Sei jetzt m reine Primzahlpotenz: $m = p^\alpha, \alpha \geq 1$. Dagegen sei $n = 2^\beta \cdot n'$; $\beta \geq 1$, $n' \geq 3$, g.g.T. $(2, n') = 1$. Falls $p = 2$, so befindet man sich nach Vertauschung der Bezeichnungen von m und n im Falle b); man kann also annehmen $p \geq 3$.

Der Beweisgedanke ist hier wie im Falle b), so daß eine knappere Schreibweise möglich ist.

In den vorigen Paragraphen sind Erzeugende a und b von den Ordnungen p^α und 2^β angegeben. Stets enthält a eine Ziffer k', die in b nicht vorkommt. Man füge an b einen Zyklus der Länge n' an, der die Ziffer k' enthält, mit a nur diese eine Ziffer gemeinsam hat und natürlich zu b ziffernfremd ist. Auf diese Weise erhält man Permutationen von den Ordnungen $m = p^\alpha$ und $n = 2^\beta \cdot n'$, die eine symmetrische Gruppe vom entsprechenden Grade $L(x) + n' - 1$ erzeugen. Hierbei kann man den Grad von der zu erzeugenden symmetrischen Gruppe durch Wahl von x noch möglichst günstig einrichten.

Damit sind weiter als möglich erkannt Einbettungen von den Typen $[p^\alpha, 2^\beta \cdot n']$; $\alpha \geq 1$, $p \geq 2$, $\beta \geq 1$, n' beliebig.

d) Sei schließlich $n = 2^\beta \cdot n'$, $\beta \geq 1$, $n' \geq 2$, g.g.T. $(2, n') = 1$ und $m = p^\alpha \cdot m'$, m' beliebig, nur $(p, m') = 1$.

Hier hat man b) und c) zu kombinieren. Man hat nur darauf zu achten, daß keine der Bedingungen für den anzufügenden Zyklus verletzt wird. Die Auswahl von k und k' kann man unabhängig voneinander vornehmen. Der Grad der so erzeugten symmetrischen Gruppe ist dann $L(x) - 1 + M$, wo $M = Max(n', m')$.

Zusammengenommen erhält man so den

H a u p t s a t z: Jede endliche Gruppe gestattet eine Einbettung vom Typ $[m, n]$ bei beliebigem m und beliebigem n, wenn nur $m \cdot n \equiv 0(2)$, mit einziger Ausnahme des Falles $m = n = 2$. Wenn dagegen $m \cdot n \not\equiv 0(2)$ oder $m = n = 2$, dann ist für die Klasse der endlichen Gruppen Einbettung vom Typ $[m, n]$ unmöglich.

Damit ist man zu einer Übersicht über alle Einbettungstypen bei zwei Erzeugenden gelangt. Man kann also für jede endliche Gruppe die Ordnungen der Erzeugenden anderen Fragestellungen anpassen.

Da die symmetrischen Gruppen schon durch zwei Erzeugende entstehen, kann man bei $t > 2$ Erzeugenden über die Ordnungen der restlichen $t - 2$ Erzeugenden frei verfügen.

Sei etwa Einbettung gewünscht vom Typ $[m, n, o]$ und die Einbettung vom Typ $[m, n]$ sei nach dem obenstehenden Satz möglich.

Sei Ω die höchste in der Permutation von der Ordnung o vorkommende Ziffer. Dann wähle man das den Ordnungen m und n entsprechende $L(x)$ so, daß gerade $L(x) \geq \Omega$; dies ist stets möglich. Da von den Elementen mit den Ordnungen m und n schon $\mathfrak{S}_{L(x)}$ erzeugt wird, ist die Struktur der Permutation von der Ordnung o gänzlich gleichgültig.

Wenn schließlich $t > 3$, dann tritt an Stelle von Ω die höchste in sämtlichen $t - 2$ Permutationen vorkommende Ziffer.

Bemerkung:

Selbstverständlich wird man bei speziellen Ordnungen m und n auch direkt zum Ziele kommen. Als Beispiel sei angeführt der Satz: Alle endlichen Gruppen gestatten eine Einbettung vom Typ [2, 6], wobei der Beweis von den obigen Überlegungen unabhängig ist.

Beweis durch Induktion:

Die Permutationen $(1, 2, 3)\,(4, 5, 6)\,(7, 8)$ und $(2, 4)\,(5, 7)$ erzeugen zusammen $\mathfrak{S}_8$.

Wir setzen zur Abkürzung $L = 3x + 2$, $x \geq 2$, und x sei minimal so gewählt, daß $L \geq N$ gilt. Als Erzeugende wähle man

$$a_x = (1,2,3) \ldots (L-7, L-6, L-5)\,(L-4, L-3, L-2)\,(L-1, L)$$

und

$$b_x = (2, 4)\,(5, 7) \ldots (L-6, L-4)\,(L-3, L-1),$$

und es bedeute $$H_x = \{a_x, b_x\}.$$

Sei nach Induktionsvoraussetzung

$$H_{x-1} = \{a_{x-1}, b_{x-1}\} = \mathfrak{S}_{3(x-1)+2}.$$

Dabei bedeutet

$a_{x-1} = (1, 2, 3) \ldots. (L-7, L-6, L-5)(L-4, L-3)$ und

$b_{x-1} = (2, 4)(5, 7) \ldots (L-6, L-4)$.

Nun erzeugen aber a_x und b_x die Elemente a_{x-1} und b_{x-1}: Denn durch Potenzieren von a_x erhält man

$$(L-1, L) \in H_x$$

und $(1, 2, 3) \ldots (L-7, L-6, L-5)(L-4, L-3, L-2) \in H_x$;

und eine Potenz von $b_x \cdot (L-1, L)$ liefert

$$(L-3, L-1, L) \in H_x \text{ und } b_{x-1} \in H_x.$$

Da

$(1,2,3) \ldots (L-7, L-6, L-5)(L-4, L-3, L-2)(L-3, L-1, L)$
$= (1, 2, 3) \ldots (L-7, L-6, L-5)(L-4, L-1, L, L-3, L-2)$,

erhält man

$$(1, 2, 3) \ldots (L-7, L-6, L-5)$$

$$\text{und } (L-4, L-1, L, L-3, L-2) \in H_x.$$

Nach der Transformation von $(L-1, L)$ mit

$$(L, L-3, L-1)(L, L-2, L-1, L-3, L-4)(L, L-1, L-3)$$

$$\text{erhält man } (L-3, L-4) \in H_x$$

und schließlich als Produkt

$$(1, 2, 3) \ldots (L-7, L-6, L-5)(L-4, L-3) = a_{x-1} \in H_x.$$

Folglich ist $H_x \supset H_{x-1}$,

$$\text{also } (1, 2, 3), (1, 2, 4), \ldots, (1, 2, L-3) \in H_x.$$

Schließlich erhält man durch Verwendung von a_x und b_x auch noch

$$(1, 2, L-2), (1, 2, L-1), (1, 2, L) \in H_x, \text{ q.e.d.}$$

§ 5. *Eine Anwendung auf die symmetrischen Gruppen*

Die oben bewiesenen Einbettungssätze besagen für symmetrische Gruppen das folgende: Wählt man sich m und n beliebig, nur $m \cdot n \equiv 0(2)$ und nicht $m = n = 2$, dann gibt es eine unendliche Folge symmetrischer Gruppen $\mathfrak{S}_{a_\nu}$, von denen sich jede durch zwei Erzeugende a und b von den Ordnungen m und n erzeugen läßt. Wesentlich ist dabei, daß m und n konstant sind, sich also insbesondere nicht ändern, wenn die Grade a_ν der symmetrischen Gruppen $\mathfrak{S}_{a_\nu}$ über alle Grenzen wachsen.

Aus den Ansätzen für die Erzeugenden a und b kann man sogar noch etwas über den Abstand des Grades a_ν zum folgenden $a_{\nu+1}$ ablesen: Wenn man zum Beispiel Einbettungen vom Typ [2, 3] betrachtet, dann hatte man $x \geq 0$ so zu wählen, daß der Ausdruck $L(x) = 9 + 6x + 1$ den Grad N der symmetrischen Gruppe nur minimal übertrifft. Das heißt in anderen Worten:

Jede sechste symmetrische Gruppe besitzt zwei Erzeugende von den Ordnungen 2 und 3.

Es erhebt sich nun die Frage, ob sich vielleicht jede symmetrische Gruppe aus zwei Erzeugenden herstellen läßt, aber eben so, daß eine obere Schranke S für die Ordnungen der Erzeugenden existiert. Zwar läßt sich jede symmetrische Gruppe $\mathfrak{S}_N$ aus zwei Permutationen erzeugen, nämlich aus $a = (1, 2)$ und $b = (1, 2, \ldots, N)$*), aber mit wachsenden Graden N wächst eben auch unbeschränkt die Ordnung N der einen Erzeugenden.

Die aufgeworfene Frage, bei der also der Nachdruck auf der Existenz der Schranke S liegt, wird positiv entschieden durch den Satz: Jede symmetrische Gruppe $\mathfrak{S}_N$ läßt sich erzeugen durch zwei Erzeugende, und zwar hat man als obere Schranke für deren Ordnungen die Zahl 60.

Beweis:

I. Sei zunächst $N \geq 17$ ungerade, sonst beliebig.

Bei den Einbettungen vom Typ [2, 4] (vgl. § 1) hatte man als Funktion $L(x) = 17 + 8x$ mit der Nebenbedingung $x \not\equiv 2(3)$, $x \geq 0$. $L(x)$ ist ungerade. In § 4, III b) ist der Einbettungstyp $[2, 4\,m']$ enthalten und hier ergab sich als Grad der entstehenden symmetrischen Gruppe $N = L(x) + m' - 1$. Wichtig war die Nebenbedingung $(2, m') = 1$.

---

*) Denn für $0 \leq \lambda \leq N - 2$ hat man $b^{-\lambda} a b^{\lambda} = (\lambda + 1, \lambda + 2)$; also sind in $\{a, b\}$ alle Transpositionen enthalten, bei denen die Ziffern aufeinanderfolgen. Aber auch die Transpositionen (k, l) mit $k < l - 1$ lassen sich erzeugen:
$(l, l - 1) \ldots (k + 2, k + 1)\,(k, k + 1)\,(k + 1, k + 2) \ldots (l - 1, l) = (k, l)$.
Also liegen *sämtliche* Transpositionen in $\{a, b\}$, d. h.
$$\{a, b\} = \mathfrak{S}_N.$$

Wenn zufällig $N = L(x) = 17 + 8x$ bei $x \not\equiv 2(3)$, dann ist der Satz eben richtig mit $m' = 1$ und der Schranke 4.

Andernfalls wähle man, indem man über x entsprechend $x \not\equiv 2(3)$ verfügt, das $L(x) = 17 + 8x$ so, daß $L(x)$ nur minimal unterhalb vom beliebigen ungeraden N bleibt. Da x nur von einer Restklasse mod. 3 ausgeschlossen war, ist die Differenz zwischen N und $L(x)$ höchstens 14. Da N ungerade vorausgesetzt, erkennt man aus der bewiesenen Gleichung $N = L(x) + m' - 1$, daß m' in der Tat ungerade sein muß. Damit sind alle Voraussetzungen der Schlußweise von § 4 erfüllt, d. h. man hat Einbettungen vom Typ $[2, 4m']$, und wegen $m' \leq 15$ ist der Satz richtig mit der Schranke 60.

II. Sei N gerade und nicht von der Form $18 + k6$; $k = 0, 1, 2, \ldots$. In § 3 hatte man bei den Einbettungen vom Typ $[2, 3]$ erhalten $L(x) = 10 + 6x$, ohne daß $x \geq 0$ eingeschränkt war. Wenn also N von der Form $10 + k6$, dann ist der Satz richtig mit der Schranke 3.

Wenn $N = 14 + k \cdot 6$, $k = 0, 1, 2, \ldots$, dann wähle man x so, daß $L(x) = 10 + 6x$ minimal unterhalb N bleibt. Die Differenz zwischen N und $L(x)$ ist dann 4, und entsprechend § 4 erhält man bei $N = L(x) + m' - 1$ den Wert $m' = 5$, also in der Tat $(3, m') = 1$, wie es sein muß. Also hat man an Ordnungen 2 und 15, und der Satz ist richtig mit der Schranke 15.

III. Sei schließlich $N = 18 + k \cdot 6$; $k = 0, 1, 2, \ldots$

In § 3 hatten wir schließlich Einbettungen vom Typ $[2^\varrho, 3^\sigma]$, $\varrho \geq 1, \sigma \geq 1$ betrachtet. Wählt man $\sigma = 1$ und $\varrho = 2$, dann ist das zugehörige $L(x) = 9 + 3 + 4 + 2 + 6x = 18 + 6x$. Also ist der Satz richtig mit der Schranke 4.

IV. Wenn man nun noch für die übriggebliebenen Anfangsfälle das Erzeugendensystem $(1, 2)$, $(1, 2, \ldots, N)$ ausnutzt, ist der Satz vollständig bewiesen.

Bemerkung:

Es wurde kein Wert darauf gelegt, die minimale Schranke S anzugeben. Höchstwahrscheinlich läßt sich durch andere Ansätze für die Erzeugenden das S herunterdrücken.

§ 6. *Zugehörige Einbettungen*

Die Ergebnisse der Paragraphen 1—4 kann man so auffassen: Die Ordnungen der Erzeugenden der Obergruppe lassen sich, unter Berücksichtigung der Bedingungen vom zusammenfassenden Hauptsatz des § 4 so einrichten, daß sie sich bei weiteren Untersuchungen den Zusatzbedingungen möglichst günstig anpassen. Deswegen wurde Wert darauf gelegt, eine vollständige Übersicht über alle möglichen Ordnungen anzugeben, damit man von Fall zu Fall zweckmäßig auswählen kann.

Jede Gruppe der Ordnung N läßt sich einbetten in die symmetrische Gruppe $\mathfrak{S}_N$. Bei den obigen Ergebnissen hat man aber den Nachteil in Kauf zu nehmen, daß bei zwei Erzeugenden die Gruppe G der Ordnung N nicht in die zugehörige symmetrische Gruppe $\mathfrak{S}_N$, sondern erst in eine geeignete symmetrische Gruppe $\mathfrak{S}_{N^*}$ mit $N^* \geq N$ eingebettet wird. Im allgemeinen ist $N^* > N$. Dadurch wird der Index von G unter $\mathfrak{S}_{N^*}$ „zu groß". Diesem Übelstand kann man dadurch begegnen, daß man von zwei zu drei Erzeugenden übergeht. Dann kann man nämlich bei beliebigem N die Einbettung in die zugehörige symmetrische Gruppe $\mathfrak{S}_N$ („zugehörige Einbettung") vornehmen; allerdings wird man zur zusätzlichen Betrachtung der Anfangswerte von N gezwungen.

Es soll also unterschieden werden zwischen Einbettung schlechthin und zugehöriger Einbettung. Die Ergebnisse über zugehörige Einbettung sind Sätze über Erzeugendensysteme von symmetrischen Gruppen bestimmter Grade.

Der Satz über zugehörige Einbettungen wird in folgender Form bewiesen:

Satz 1: Es sei l eine ganze Zahl ≥ 2; und es bedeute s die nur von l abhängige Summe derjenigen Potenzen verschiedener Primzahlen, deren Produkt gleich l ist. Ferner seien m und n zwei ganze Zahlen ≥ 2, die nicht beide ungerade und nicht beide gleich 2 sind. Dann gibt es eine nur von m und n abhängige untere Schranke S mit der Eigenschaft, daß *jede* symmetrische Gruppe vom Grade $N \geq S$ sich stets dann und nur dann durch drei geeignet gewählte Permutationen mit den Ordnungszahlen l, m, n erzeugen läßt, wenn auch noch $N \geq s$ ist.

In diesem Satz ist $m = n = 2$ ausgeschlossen.

Man kann sich aber diesen Fall als zum allergrößten Teil erledigt denken, indem man die Bezeichnungen von m und l vertauscht und für l das stets mögliche 2 nimmt. Dies geht, solange nicht von vornherein $l = 2$ war; also hat man nur noch zu untersuchen den Fall $l = m = n = 2$. Der zu beweisende Satz 2 ist eine Ergänzung zum Satz über die Unmöglichkeit der Einbettungen vom Typ [2, 2].

Satz 2: Jede symmetrische Gruppe $\mathfrak{S}_N$ mit $N \geq 3$ läßt sich erzeugen durch drei Erzeugende von der Ordnung 2; in anderen Worten: Alle endlichen Gruppen besitzen zugehörige Einbettungen vom Typ [2, 2, 2].

Da der Beweis des Satzes 2 von allen vorstehenden Überlegungen unabhängig ist, soll mit ihm begonnen werden.

Beweis von Satz 2:

I. N gerade.

Der Satz ist richtig für $N = 4$, denn die Permutationen (1, 2) (3, 4), (2, 3), (3, 4) erzeugen $\mathfrak{S}_4$. Zur Anwendung der vollständigen Induktion hat man zunächst zu zeigen, daß sich bei $N \geq 6$ aus den Erzeugenden

$$\begin{aligned} a &= a_N = (1, 2)\,(3, 4) \ldots (N-3, N-2)\,(N-1, N) \\ b &= b_N = (2, 3)\,(4, 5) \ldots (N-4, N-3)\,(N-2, N-1) \\ c &= c_N = (N-1, N) \end{aligned}$$

die Erzeugenden

$$\begin{aligned} a_{N-2} &= (1, 2)\,(3, 4) \ldots (N-3, N-2) \\ b_{N-2} &= (2, 3)\,(4, 5) \ldots (N-4, N-3) \\ c_{N-2} &= (N-3, N-2) \end{aligned}$$

für die symmetrische Gruppe $\mathfrak{S}_{N-2}$ herstellen lassen. Es ist $a_N \cdot c_N = a_{N-2}$ und $(b_N \cdot c_N)^3 = b_{N-2}$. Damit ist auch $b_N \cdot b_{N-2} = (N-2, N-1)$ und folglich $[a_{N-2} \cdot (N-2, N-1)]^3 = a_{N-4}$ enthalten in $\{a_N, b_N, c_N\} = H$. Es ist aber $a_{N-4} \cdot a_{N-2} = c_{N-2}$ und damit $\mathfrak{S}_{N-2} \subset H$. Ferner ist

$$\begin{aligned} [a_{N-2} \cdot (N-2, N-1)]^2 &= [(N-3, N-1, N-2)]^2 \\ &= (N-3, N-2, N-1). \end{aligned}$$

Da $(1, 2, N-3) \in \mathfrak{S}_{N-2}$ und damit $\in H$, erhält man durch Transformation von $(1, 2, N-3)$ mit $(N-3, N-2, N-1)$ den noch fehlenden Dreierzyklus $(1, 2, N-1)$ und schließlich mittels c_N noch $(1, 2, N)$. Also ist in der Tat $\{a_N, b_N, c_N\} = H = \mathfrak{S}_N$, q. e. d.

II. Ungerades N.

Für $N = 3$ hat man als Erzeugende $(1, 2), (1, 3), (2, 3)$.

Für $N \geq 5$ nehme man die Erzeugenden

$$
\begin{aligned}
a &= (1, 2)\,(3, 4) \ldots (N-2, N-1)\\
b &= (2, 3)\,(4, 5) \ldots (N-3, N-2)\,(N-1, N)\\
c &= (N-1, N),
\end{aligned}
$$

und ähnlich wie unter I beweist man, daß $\{a, b, c\} = \mathfrak{S}_N$ für $N \geq 5$.

Damit ist Satz 2 bewiesen.

Beweis von Satz 1:

Für die Ordnungen von l, m, n der drei Erzeugenden c, a, b sei folgende Primfaktorzerlegung angenommen:

$$
\begin{aligned}
m &= p_1^{\alpha_1}\, p_2^{\alpha_2} \ldots p_\mu^{\alpha_\mu}\\
n &= q_1^{\beta_1}\, q_2^{\beta_2} \ldots q_\nu^{\beta_\nu}\\
l &= r_1^{\gamma_1}\, r_2^{\gamma_2} \ldots r_\lambda^{\gamma_\lambda}
\end{aligned}
$$

und es sei etwa $q_1 = 2$, also wenigstens n gerade. Es bedeute p die kleinste in m enthaltene Primzahl, außer wenn die 2 nur in der ersten Potenz vorkommt. In diesem Fall sei p die nächst größere Primzahl der Primfaktorzerlegung von m; diese ist sicher vorhanden, notfalls nach Vertauschung der Bezeichnungen von m und n, weil nicht $m = n = 2$ sein sollte. Nach der getroffenen Verabredung kann man schreiben

$$
\begin{aligned}
m &= p^{\alpha} \cdot m'\\
n &= 2^{\beta} \cdot n', \quad \text{wobei lediglich ausgeschlossen ist}
\end{aligned}
$$

$$m' = n' = \alpha = \beta = 1 \quad \text{bei} \quad p = 2.$$

Man setze noch $M = \operatorname{Max}\,(n', m')$.

Für das Weitere ist es nun notwendig, Fallunterscheidungen zu treffen für die Werte von p, und zwar hat man entsprechend den ersten Paragraphen zu unterscheiden $p = 2, p = 3, p = 5, p \geq 7$.

In der Bezeichnung drückt sich dies dadurch aus, daß bei den auftretenden Funktionen und Konstanten bzw. der Index 2, 3, 5, p auftritt.

Im Zusammenhang seien die zu den einzelnen Werten von p gehörenden Werte der Linearfunktionen $L(x)$ aufgeschrieben, die die Grade der entstehenden symmetrischen Gruppen bedeuten. Dazu vergleiche man insbesondere den § 4, III d).

Man hat, wenn stets $x \geq 0$,

$L_2(x) = 16 + 8x + M$, wenn $\beta = 1, \alpha = 2$

$L_2(x) = 18 + 2^\alpha + 2^\beta + 8x + M$, wenn $\beta \geq 1, \quad \alpha \geq 2$,
außer $\beta = 1, \alpha = 2$.

Hier $x \not\equiv x_0(3)$, wo $x_0 \equiv 1 + 2^\alpha + 2^\beta (3)$.

$L_3(x) = 9 + 6x + M$, wenn $\alpha = \beta = 1$.

$L_3(x) = 10 + 3^\alpha + 2^\beta + 6x + M$, wenn $\beta \geq 1, \quad \alpha \geq 1$,
außer $\alpha = \beta = 1$

$L_5(x) = 15 + 10x + M, \quad x \not\equiv 1 (3)$, wenn $\alpha = \beta = 1$

$L_5(x) = 18 + 2^\beta + 5^\alpha + 10x + M$, wenn $\alpha \geq 1, \quad \beta \geq 1$,
außer $\alpha = \beta = 1$.

Hier $x \not\equiv x_0(3)$, wo
$x_0 = 2$, wenn α und β gerade,
$x_0 = 0$, wenn α und β ungerade,
$x_0 = 1$ in den beiden anderen Fällen.

$L_p(x) = 3p + 2px + M$, wenn $\alpha = \beta = 1$, dazu $x \equiv 0 (3)$.

$L_p(x) = 4p + 2^\beta + p^\alpha - 2 + 2px + M$, wenn $\alpha \geq 1, \beta \geq 1$,
außer $\alpha = \beta = 1$.

Hier $x \not\equiv x_0(3)$, wo x_0 bestimmt durch
$2px_0 + p + p^\alpha + 2^\beta \equiv 0 (3)$.

Nun werden die dem Satz 1 entsprechenden Schranken S definiert, man erkennt den Zusammenhang mit den obenstehenden $L_i(x)$.

$S_2 = 16 + M$ bei $\alpha = 2, \quad \beta = 1$.

$$\left.\begin{array}{l} S_2 = 26 + 2^\alpha + 2^\beta + M, \text{ wenn } \alpha \text{ und } \beta \text{ gerade} \\ S_2 = 18 + 2^\alpha + 2^\beta + M, \text{ in allen anderen Fällen} \end{array}\right\} \begin{array}{l} \text{wenn } \beta \geq 1, \alpha \geq 2, \\ \text{außer } \beta = 1, \alpha = 2. \end{array}$$

$S_3 = 9 + M$ bei $\alpha = \beta = 1$.
$S_3 = 10 + 2^\beta + 3^\alpha + M$ für alle anderen Möglichkeiten von α u. β.

$S_5 = 35 + M$ bei $\alpha = \beta = 1$.

$$\left.\begin{array}{l} S_5 = 28 + 2^\beta + 5^\alpha + M, \text{ wenn } \alpha \text{ und } \beta \text{ ungerade} \\ S_5 = 18 + 2^\beta + 5^\alpha + M, \text{ in allen anderen Fällen} \end{array}\right\} \begin{array}{l} \text{wenn } \alpha \geq 1, \beta \geq 1, \\ \text{außer } \alpha = \beta = 1. \end{array}$$

$S_p = 9p + M$ bei $\alpha = \beta = 1$.

$$\left.\begin{array}{l} S_p = 4p + 2^\beta + p^\alpha - 2 + M \\ \qquad \text{falls nicht } p + p^\alpha + 2^\beta \equiv 0(3) \\ S_p = 6p + 2^\beta + p^\alpha - 2 + M \\ \qquad \text{falls } p + p^\alpha + 2^\beta \equiv 0(3) \end{array}\right\} \begin{array}{l} \text{wenn } \alpha \geq 1, \beta \geq 1, \\ \text{außer } \alpha = \beta = 1. \end{array}$$

Nun sei $N \geq S_i$, $i = 2, 3, 5, p$.

Man wähle das maximale x, so daß die zugehörige Linearfunktion $L_i(x)$ noch $\leq N$ ausfällt; natürlich gegebenenfalls mit der Beschränkung auf gewisse Restklassen mod. 3. Dies ist wegen der Definition von S_i stets möglich.

Der jeweils entstehende Funktionswert sei mit U_i, $i = 2, 3, 5, p$ bezeichnet. Dann hat man

$$S_i \leq U_i \leq N.$$

Ebenso ist entsprechend der Fallunterscheidung ein Funktionswert V_i bestimmbar, den man aus $L_i(x)$ für das minimale x bei Beschränkung auf gewisse Restklassen mod. 3 erhält, so daß $L_i(x) > N$ ausfällt. Dann hat man

$$S_i \leq U_i \leq N < V_i.$$

Gebraucht werden die folgenden Abschätzungen:

$V_2 - U_2 = 8$, wenn $\beta = 1, \alpha = 2$;
weil x von keiner Restklasse ausgeschlossen war.
$V_2 - U_2 \leq 16$, in den anderen Fällen von α und β;
weil x von einer Restklasse ausgeschlossen war.
$V_3 - U_3 = 6$, für alle Fälle von α und β;
weil x von keiner Restklasse ausgeschlossen war.
$V_5 - U_5 \leq 20$, für alle Fälle von α und β;
weil x von einer Restklasse ausgeschlossen war.
$V_p - U_p = 6p$, wenn $\alpha = \beta = 1$;
weil x auf eine Restklasse beschränkt war.

$V_p - U_p \leq 4p$, in den anderen Fällen von α und β;
weil x von einer Restklasse ausgeschlossen war.

Da nun $N < V_i, \quad i = 2, 3, 5, p$
hat man

$N - U_2 \leq 7$, wenn $\beta = 1, \quad \alpha = 2$.
$N - U_2 \leq 15$, in den anderen Fällen von α und β.
$N - U_3 \leq 5$, für alle Fälle von α und β.
$N - U_5 \leq 19$, für alle Fälle von α und β.
$N - U_p \leq 6p - 1$, im Falle $\alpha = \beta = 1$.
$N - U_p \leq 4p - 1$, in den anderen Fällen von α und β.

Wichtig ist nun, daß man für alle Werte von i feststellen kann

$$S_i - (N - U_i) \geq 3, \quad i = 2, 3, 5, p;$$

dies erkennt man durch Vergleich von S_i mit den obigen Abschätzungen. Also, wegen $U_i \geq S_i$ erst recht

$$(**) \qquad U_i - (N - U_i) \geq 3,$$

für alle i und für alle Werte von α und β.
Mit Hilfe dieser Ungleichung (**) wird der Beweis geführt.

Nach Konstruktion gibt es Erzeugende a und b von den Ordnungen m und n für die symmetrische Gruppe des Grades $U_i \leq N$.

Zunächst besteht die Aufgabe darin, mit Hilfe der dritten Erzeugenden c von der Ordnung l die fehlenden $N - U_i$ Ziffern einzuführen.

Für eine Permutation c von der Ordnung $l = r_1^{\gamma_1} r_2^{\gamma_2} \ldots r_\lambda^{\gamma_\lambda}$ sind mindestens

$$s = r_1^{\gamma_1} + r_2^{\gamma_2} + \ldots + r_\lambda^{\gamma_\lambda}$$

verschiedene Ziffern erforderlich. Damit also zugehörige Einbettung erreicht werden kann, ist notwendig

$$s \leq N.$$

Es ist zu zeigen, daß diese Bedingung auch hinreichend ist:
Jeder in der Permutation c von der Ordnung l vorkommende Zyklus der Länge

$$r_j^{\gamma'_j}, \quad 1 \leq j \leq \lambda, \quad 1 \leq \gamma'_j \leq \gamma_j$$

muß mindestens eine der Ziffern von 1 bis U_i, $i = 2, 3, 5, p$ enthalten, denn sonst geht schon die für die Herstellung von $\mathfrak{S}_N$ notwendige

Bedingung der Transitivität verloren. Demnach ist der ungünstigste Fall für die Ordnung von c der, daß man $l = 2$ fordert; man braucht nämlich für jede neu einzuführende Ziffer von $U_i + 1$ bis N eine der bereits vorhandenen Ziffern von 1 bis U_i. Wegen der bereits bewiesenen Abschätzung (**) stehen aber selbst in diesem ungünstigsten Fall genügend Ziffern zur Verfügung. Aus dieser Abschätzung geht sogar noch hervor, daß man selbst bei $l = 2$ nicht auf die Ziffern 1 und 2 zurückzugreifen braucht. Diese Bemerkung gestattet nun eine Permutation c anzugeben, von der man mit Leichtigkeit zeigt, daß

$$\{a, b, c\} = \mathfrak{S}_N .$$

Die Permutation c wird z. B. folgendermaßen konstruiert: c soll sich zusammensetzen aus Zyklen der Länge $r_j^{\gamma_j}$, $j = 1, \ldots, \lambda$. Jede Länge soll mindestens einmal vorkommen; diese Forderung ist zu verwirklichen, da doch die Summe der Primzahlpotenzen höchstens gleich N ist. In jedem Zyklus soll aber mindestens eine Ziffer aus der Reihe 3 bis U_i vorkommen, diese Forderung läßt sich verwirklichen wegen der bewiesenen Ungleichung (**). Dagegen kann es sein, daß mehrere Zyklen gleicher Länge vorkommen, denn man hat c so aufzubauen, daß sämtliche Ziffern von $U_i + 1$ bis N eingeführt werden können; auf die Ordnung l von c ist dies gänzlich ohne Einfluß.

Diese Permutation c erzeugt aber mit a und b zusammen die symmetrische Gruppe $\mathfrak{S}_N$, denn:

$$\{a, b\} = \mathfrak{S}_{U_i},$$

also $$(1, 2, 3), (1, 2, 4), \ldots, (1, 2, U_i) \in \{a, b\} .$$

Da in c die Ziffern 1 und 2 nicht vorkommen, erhält man nach Konstruktion von c durch Transformation von $(1, 2, 3), \ldots, (1, 2, U_i)$ mit den laufenden Potenzen von c die noch fehlenden Dreierzyklen $(1, 2, U_i + 1), \ldots, (1, 2, N)$, d. h.

$$\{a, b, c\} = \mathfrak{S}_N, \quad \text{q. e. d.}$$

Bemerkung 1:

Es versteht sich, daß man unabhängig von den obigen Formeln auf Grund anderer Konstruktionen ebenfalls zugehörige Einbettung erzielen kann. Man beweist zum Beispiel, daß folgendes System a, b, c zugehörige Einbettung vom Typ [3, 3, 2] für $N \geq 6$ bewirkt. (Für $N < 6$ ist die Aussage trivial.)

Stets sei $a = (N-2, N-1, N)$, und es sei im Falle

$N \equiv 0(6)$:
$b = (1, 2, 3)\,(4, 5, 6) \ldots (N-5, N-4, N-3)\,(N-2, N-1, N)$
$c = (1, 2)\,(3, 4)\,(6, 7) \ldots (N-6, N-5)\,(N-3, N-2)\,(N-1, N)$

$N \equiv 1(6)$:
$b = (1,2,3)\,(4,5,6) \ldots (N-6, N-5, N-4)\,(N-3, N-2, N-1)$
$c = (1,2)\,(3,4)\,(6,7) \ldots (N-7, N-6)\,(N-4, N-3)\,(N-2, N-1)$

$N \equiv 2(6)$:
$b = (1,2,3)\,(4,5,6) \ldots (N-7, N-6, N-5)\,(N-4, N-3, N-2)$
$c = (1,2)\,(3,4)\,(6,7) \ldots (N-8, N-7)\,(N-5, N-4)\,(N-3, N-2)$

$N \equiv 3(6)$:
$b =$ wie im Falle $N \equiv 0(6)$
$c = (1,2)\,(3,4)\,(6,7) \ldots (N-9, N-8)\,(N-6, N-5)\,(N-3, N-2)$

$N \equiv 4(6)$:
$b =$ wie im Falle $N \equiv 1(6)$
$c = (1,2)\,(3,4)\,(6,7) \ldots (N-10, N-9)\,(N-7, N-6)\,(N-4, N-3)$

$N \equiv 5(6)$:
$b =$ wie im Falle $N \equiv 2(6)$
$c = (1,2)\,(3,4)\,(6,7) \ldots (N-11, N-10)\,(N-8, N-7)\,(N-5, N-4)$.

Dabei ist c in allen sechs Fällen ungerade.

Der Beweis für $\{a, b, c\} = \mathfrak{S}_N$ läßt sich erbringen, indem man die drei folgenden Behauptungen verifiziert.

Behauptung 1: Unter der Voraussetzung, daß b in die *einzelnen* Dreierzyklen zerlegt ist, also

$$(1, 2, 3),\quad (4, 5, 6),\quad (7, 8, 9), \ldots \in \{a, b, c\},$$

erhält man die Dreierzyklen $(1, 2, 3)$, $(1, 2, 4)$, $\ldots$, $(1, 2, \nu)$, also eine Erzeugendensystem für $\mathfrak{A}_\nu$, wo

$$\begin{aligned} \nu &= N && \text{für } N \equiv 0(3),\\ \nu &= N-1 && \text{für } N \equiv 1(3),\\ \nu &= N-2 && \text{für } N \equiv 2(3), \end{aligned}$$

und dies ohne Verwendung von a.

Behauptung 2: Die Wahl von a ermöglicht noch die Herstellung von

$$(1, 2, N) \quad \text{im Falle } N \equiv 1(3), \quad \text{von}$$
$$(1, 2, N-1) \quad \text{sowie } (1, 2, N) \text{ im Falle } N \equiv 2(3).$$

Damit hat man ein Erzeugendensystem von $\mathfrak{A}_N$.

Behauptung 3: Das so gewählte a ermöglicht die Zerlegung von b in die einzelnen Dreierzyklen, wie sie in der ersten Behauptung vorausgesetzt wurde.

Da nun c ungerade, ist in der Tat $\{a, b, c\} = \mathfrak{S}_N$.

Aus der Zerlegung des Beweises in diese drei Behauptungen erkennt man, daß man bei der Wahl von a und damit der Ordnung von a weitgehende Freiheit besitzt. Auch von hier aus wäre der Zugang zu einer größeren Mannigfaltigkeit von Erzeugendenordnungen möglich.

Noch etwas anderes ist erwähnenswert: Die drei Behauptungen bleiben richtig, wenn man c dadurch abändert, daß man die Transposition $(1, 2)$ wegläßt. Dadurch wird aber auch die dritte Erzeugende gerade, also:

Es existiert ein Erzeugendensystem vom Typ $[3, 3, 2]$ für sämtliche alternierenden Gruppen $\mathfrak{A}_N$, N beliebig. Auch hier könnte man leicht andere Typen angeben.

Jedenfalls hat man ein Erzeugendensystem $a^3 = b^3 = c^2 = 1$. Man vergleiche mit de Seguiers Erzeugendensystem [6]

$$\alpha^2 = \beta^3 = \gamma^{N-2} = 1;$$

oder mit dem von Moore [7]: $e_1^3 = e_\nu^2 = 1$; $\nu = 2, 3, \ldots, N-2$. Hier hängt etwa die Anzahl der Erzeugenden von N ab.

Bemerkung 2:

Für eine Anwendung der gefundenen Sätze auf andere gruppentheoretische Untersuchungen könnte es nützlich werden, daß man die Ordnungen der Erzeugenden den Untersuchungen möglichst günstig anpassen kann. Dann braucht man aber eine Übersicht über alle möglichen Ordnungen, um geschickt auswählen zu können.

---

[6] J. de Seguier, Journal de Math. (5), 8 (1902), 262.

[7] E. H. Moore, Proc. London Math. Soc. (1), 28 (1897), 358.

Wenn man z. B. Gruppen der Ordnung 24 untersucht, ist vielleicht für eine gewisse Fragestellung die Kombination 2, 17, 5 der Ordnungen angemessener als die Kombination 2, 19, 8, und man möchte wissen, ob die günstigere Kombination einen zulässigen Typ für zugehörige Einbettung darstellt. Erwünscht wäre also eine vollständige Übersicht über alle möglichen zugehörigen Einbettungstypen bei vorgegebenem N.

Der Satz 1 des § 5 stellt in dieser Richtung einen ersten Schritt dar, denn die Gesamtheit der Ordnungen l der dritten Erzeugenden ist vollständig charakterisiert durch die Bedingung $s \leq N$. Dagegen ist die Auswahl der Ordnungen m und n doch beträchtlich eingeengt wegen der Schrankenbedingungen $S_i \leq N$.

Immerhin kann man durch die folgende Überlegung den Kreis der in Frage kommenden Ordnungen m und n noch beträchtlich erweitern.

Im Beweis von Satz 1 waren die Schranken S_i (mit $S_i \leq N$, damit überhaupt zugehörige Einbettung erzielt werden kann) eindeutig festgelegt mittels der Definition von p; p bedeutete im allgemeinen, bis auf einen Ausnahmefall, die kleinste in m enthaltene Primzahl.

Im Beweis ist nicht davon Gebrauch gemacht, daß es sich wirklich um die kleinste Primzahl handelt. Man kann also das Verfahren so erweitern, daß man für p alle möglichen Primzahlen in der ersten bis zur möglichst hohen Potenz durchgeht, kombiniert mit allen möglichen m', alles dies noch kombiniert mit allen möglichen Exponenten von 2 und allen möglichen n'. Nur hat man zu beachten, daß die diesen Werten von p, den Exponenten α und β und den Werten von m' und n' entsprechenden Schranken S_i nicht oberhalb N liegen. Die auf diese Weise entstehenden Kombinationen von Ordnungen sind dann ebenfalls zulässige Typen für zugehörige Einbettungen.

Ein Beispiel, und zwar $N = 24$, zeigt, daß man auf diese Weise eine recht beträchtliche Auswahlmöglichkeit erhält.

Die Tabelle ist so zu verstehen: Man wähle sich eines der angegebenen n, dieses läßt sich dann mit jedem der zugehörigen m kombinieren; die Auswahl von l aus der Tabelle ist völlig frei.

$n = 2\ : m = 3, 4, 5, 6, 7, 9, 10, 12, 14, 15, 18, 20, 21, 24, 28, 30, 33, 35, 39, 40, 42, 45$

$n = 4\ : m = 3, 6, 9, 12, 15, 21$

$n = 6\ : m = 3, 4, 5, 6, 7, 9, 10, 12, 14, 15, 20, 21, 24, 30, 33, 35, 39, 40, 42, 45$

$n = 8\ : m = 3, 6$

$n = 12 : m = 3, 6, 7, 12, 15, 21$

$n = 10 : m = 3, 4, 5, 6, 10, 12, 15, 20, 21, 24, 30, 33, 35, 40, 42, 45$

$n = 14 : m = 3, 4$

$n = 18 : m = 3, 5, 6, 10, 12, 15, 20, 21, 24, 30, 33, 35, 39, 40, 42, 45$

$n = 20 : m = 3, 6, 12, 15, 21$

$n = 22 : m = 3, 6, 12, 15, 21, 24, 30, 33, 39, 42$

$n = 26 : m = 3, 6, 12, 15, 21, 24, 30, 33, 39, 42$

$n = 28 : m = 3, 6, 12, 15, 21$

$n = 30 : m = 3, 6, 12, 15, 21, 24, 30, 33, 39.$

Für l hat man freie Auswahl unter

$l = 2, 3, 4, 5, 6, 7, 8, 9, 10, 11, 12, 13, 14, 15, 16, 17, 18, 19, 20, 21, 22, 23, 24, 26, 28, 30, 33, 34, 35, 36, 38, 39, 40, 42, 44, 45, 48, 51, 52, 55, 56, 57, 60, 63, 65, 66, 68, 70, 76, 77, 78, 80, 84, 85, 88, 90, 91, 95, 99, 102, 104, 105, 110, 112, 114, 117, 119, 120, 126, 130, 132, 140, 143, 154, 156, 165, 168, 170, 180, 182, 195, 198, 204, 210, 220, 231, 252, 260, 264, 273, 280, 308, 312, 315, 330, 360, 364, 385, 390, 396, 420, 440, 462, 504, 630, 660.$

Daneben noch: Zu beliebigem n kann man stets nehmen $m = 2$ bei freier Auswahl von l, nur $l \neq 2$.

Ferner noch $m = n = l = 2$.

Ohne daß man Vollständigkeit erreicht hätte, sind es bei $N = 24$ immerhin schon 15052 verschiedene Typen für zugehörige Einbettung.

Fortsetzung von der 2. Umschlagseite

Band 99

Heft 1 Prof. Dr. HEINRICH BRANDT / Über das quadratische Reziprozitätsgesetz
18 Seiten – 8° – 1951 – DM 1,90 *(vergriffen)*

Heft 2 Prof. Dr. GEORG SPACKELER / Der Gebirgsdruck und seine Beherrschung durch den Bergmann
36 Seiten – 12 Abbildungen – 8° – 1951 – DM 1,65 *(vergriffen)*

Heft 3 Prof. Dr. ERNST DIEPSCHLAG / Die Anwendbarkeit der Regelungstechnik in der Hüttenindustrie
38 Seiten – 12 Abbildungen – 8° – 1952 – DM 3,90

Heft 4 Prof. Dr. ALBERT FROMME / Die Bedeutung der Entwicklungsgeschichte, besonders des Mesenchyms für die Klinik
24 Seiten – 8° – 1952 – DM 1,75 *(vergriffen)*

Heft 5 Dr. ROBERT BÖKER / Die Entstehung der Sternsphäre Arats
68 Seiten – 4 Abbildungen – 2 Ausschlagtafeln – 3 Tabellen – 8° – 1952 – DM 5,60

Band 100

Heft 1 Prof. Dr. HEINRICH BRANDT / Über Stammfaktoren bei ternären quadratischen Formen
24 Seiten – 8° – 1952 – DM 2,25

Heft 2 Dr. PAUL GÜNTHER / Zur Gültigkeit des Huygensschen Prinzips bei partiellen Differentialgleichungen vom normalen hyperbolischen Typus
43 Seiten – 8° – 1952 – DM 5,–

Heft 3 Dr. ALFRED MÜLLER / Die Schaubarkeit in der Axonometrie
22 Seiten – 3 Ausschlagtafeln – 8° – 1952 – DM 3,–

Heft 4 Prof. Dr.-Ing. ENNO HEIDEBROEK / Die Beziehungen zwischen Härte, Schmierung und Verschleißfestigkeit
Nachdruck – 40 Seiten – 10 Abbildungen – 8° – 1954 – DM 3,40

Heft 5 Prof. Dr. ROBERT SCHRÖDER / Frauenheilkunde in Forschung und Praxis
22 Seiten – 8° – 1952 – DM 1,35

Heft 6 Dr. ROLF REISSIG / Die pandiagonalen Quadrate vierter Ordnung
54 Seiten – 8° – 1952 – DM 5,–

Heft 7 Prof. Dr. MAX ROBITZSCH † / Die Erforschung der Atmosphäre, ihre Methodik und ihre Probleme
30 Seiten – 12 Abbildungen – 4 Kunstdrucktafeln – 8° – 1953 – DM 2,50

Band 101

Heft 1 Prof. Dr. KURT SCHWABE / Periodische Erscheinungen bei der anodischen Auflösung des Zinks
33 Seiten – 14 Abbildungen – 8° – 1954 – DM 3,–

Heft 2 Dr. UDO PIRL / Positive Lösungen einer nichtlinearen Integralgleichung
44 Seiten – 2 Abbildungen – 8° – 1953 – DM 4,–

Heft 3 Dr. JOACHIM FOCKE / Asymptotische Entwicklungen mittels der Methode der stationären Phase
2. unveränderte Auflage – 48 Seiten – 8° – 1957 – DM 4,80 *(vergriffen)*

Heft 4 Prof. Dr. HANS SALIÉ / Zur Verteilung natürlicher Zahlen auf elementfremde Klassen
26 Seiten – 8° – 1954 – DM 2,50

Heft 5 Prof. Dr.-Ing. ENNO HEIDEBROEK / Die Verantwortlichkeit des Ingenieurs
22 Seiten – 8° – 1954 – DM 1,–

Heft 6 Prof. Dr. HANS SCHUBERT / Dr. ERICH SCHINCKE / Zur Ermittlung von Unterschallströmungen mit der Transformationsmethode bei quadratischer Approximation der Adiabate
32 Seiten – 6 Abbildungen – 2 Tabellen – 8° – 1955 – DM 2,30

Heft 7 Dr. HELMUT SCHAEFER / Neue Existenzsätze in der Theorie nichtlinearer Integralgleichungen
40 Seiten – 8° – 1955 – DM 2,40

Band 102

Heft 1 Dr. PAUL GÜNTHER / Über einige spezielle Probleme aus der Theorie der linearen partiellen Differentialgleichungen zweiter Ordnung
50 Seiten – 8° – 1957 – DM 4,60 *(vergriffen)*

Heft 2 Prof. Dr. HANS SCHUBERT / Dr. ERICH SCHINCKE / Zum Konturproblem der Hodographenmethode im Unterschall
25 Seiten – 8° – 1957 – DM 2,20

Heft 3 Prof. Dr. FRANZ RUNGE / Über die Polymerisation ungesättigter organischer Verbindungen
13 Seiten – 1 Tabelle – 8° – 1957 – DM 1,–

Heft 4 Dr. VICTOR VALCOVICI / Une extension des liaisons non holonomes et des principes variationnels
39 Seiten – 8° – 1958 – DM 2,40

Heft 5 Dr. ROLF KLÖTZLER / Beiträge zur Theorie mehrdimensionaler Variationsprobleme mit geknickten Extremalen
72 Seiten – 8° – 1958 – DM 4,30

Heft 6 Prof. Dr. PAULA HERTWIG / Strahlenschäden und Strahlenschutz im zellulären Bereich
43 Seiten – 14 Abbildungen – 6 Tabellen – 4 Tafeln – 8° – 1957 – DM 2,–

Heft 7 Prof. Dr. WILHELM TREIBS / Entwicklungslinien der organischen Chemie
25 Seiten – 8° – 1957 – DM 1,40

Band 103

Heft 1 Prof. Dr. GEORG SPACKELER / Über die Möglichkeit einer Lieferung von Magnesiumsulfat als Düngemittel seitens des Kalibergbaus der Deutschen Demokratischen Republik
Prof. Dr. ANTON ARLAND / Magnesium im Landbau
38 Seiten – 1 Abbildung – 2 Landkarten – 8° – 1958 – DM 1,90

Heft 2 Prof. Dr. HEINRICH BREDT / Über den Tod. Eine naturwissenschaftliche Betrachtung
26 Seiten – 8° – 1958 – DM 1,10

Bestellungen durch eine Buchhandlung erbeten

AKADEMIE-VERLAG · BERLIN

FSC
www.fsc.org
MIX
Papier | Fördert gute Waldnutzung
FSC® C083411

Zeitfracht Medien GmbH
Ferdinand-Jühlke-Straße 7
99095 Erfurt, Deutschland
produktsicherheit@kolibri360.de